Tanja Steiner

Bewegtes Lernen im Mathematikunterricht einer 3. Klasse

Die SuS erweitern und festigen ihre Einmaleinskenntnisse in der Turnhalle unter Nutzung und Erweiterung ihrer Bewegungspotentiale und unter Einbezug diverser Kleingeräte.

GRIN Verlag

Bibliografische Information der Deutschen Nationalbibliothek:

Die Deutsche Bibliothek verzeichnet diese Publikation in der Deutschen National-
bibliografie; detaillierte bibliografische Daten sind im Internet über http://dnb.d-
nb.de/ abrufbar.

Impressum:

Copyright © 2012 GRIN Verlag GmbH
Druck und Bindung: Books on Demand GmbH, Norderstedt Germany
ISBN: 978-3-656-63759-2

Dieses Buch bei GRIN:

http://www.grin.com/de/e-book/271239/bewegtes-lernen-im-mathematikunterricht-
einer-3-klasse

Inhaltsverzeichnis

1. Einleitung

„Betrachtet man aufmerksam ein Kind, ergibt sich evident, dass sich sein Verstand mit Hilfe der Bewegung entwickelt." Bereits Maria Montessori erkannte, ebenso wie einige andere Reformpädagogen, so beispielsweise Pestalozzi, wie viel Bedeutung der Bewegung beim Lernen zukommt. Diese Erkenntnis wird jedoch auch heutzutage noch zu selten umgesetzt. Es gibt zwar die „Bewegte Schule" als Konzept, dies wird aber häufig auf bewegte Pausen beschränkt. „Das bewegte Lernen kostet zu viel Zeit, ich muss doch mit meinen Stoff durchkommen." Solche und andere Argumente sind mir in Studium und Schule begegnet. Ich selbst war zu Beginn des Schuljahres auch eher skeptisch, wo der Nutzen liegen soll und hatte ähnliche Argumente gegen das bewegte Lernen. So sorgte ich mich um die aufkommende Unruhe, die ein konzentriertes Lernen eher stört als fördert. Der Bildungsplan hingegen fordert für alle Fächer und Fächerverbünde Bewegung als Unterrichtsprinzip einzusetzen.

Mit der vorliegenden Dokumentation möchte ich meine Unterrichtseinheit zum bewegten Lernen als Verbindung der Fächer Bewegung, Spiel und Sport[1] und Mathematik vorstellen. Zunächst möchte ich hierbei einen Blick auf die theoretischen Grundlagen werfen, einen Bezug zur Lerntheorie und zum Konzept „Bewegte Schule" herstellen, sowie die wichtigsten Argumente für den Zusammenhang von Bewegung und Lernen darlegen. Anschließend soll der Bildungsplanbezug und die Klassensituation erläutert werden. In Kapitel 4 stelle ich mein eigenes Konzept, die praktische Umsetzung in den BSS-Stunden und die Mitgestaltungsmöglichkeiten der Schüler[2] vor, reflektiere dieses und ziehe mein Fazit daraus.

Die Unterrichtseinheit wurde den Vorgaben entsprechend projektorientiert gestaltet. Projektarbeit ist geprägt von verschiedenen Schritten und Merkmalen, von welchen ich die wichtigsten herausgreifen und im Folgenden kurz auf die Unterrichtseinheit beziehen möchte. Zunächst soll sie den Lebensweltbezug aber auch die gesellschaftliche Relevanz enthalten, welche sich in der Themenwahl widerspiegeln. Die Schüler nehmen ihre Umwelt aktiv-entdeckend wahr und es begegnen ihnen im Alltag immer wieder Einmaleins-Aufgaben oder Begriffe wie Verdoppeln und Halbieren, dreimal, usw., die mit dem Einmaleins in engem Zusammenhang stehen. Der

---

[1] Im Folgenden mit BSS bezeichnet.
[2] Zur besseren Lesbarkeit verwende ich die männliche Form. Selbstverständlich beinhaltet diese auch die Schülerinnen.

gesellschaftlichen Relevanz ist Rechnung geschuldet, da das Malnehmen zu den Grundrechenarten, welche ein Mensch beherrschen sollte, gehört. Die Forderung nach Interdisziplinarität, dem Einbezug verschiedener Sinne sowie die geforderte Handlungsorientierung wurde durch das Lernen in und durch Bewegung, also der Verbindung der Fächer BSS und Mathematik, entsprochen. Bereits im Vorfeld waren die Schüler in die Gestaltung der BSS-Stunde einbezogen, indem sie Vorschläge für Aufgaben aufschreiben durften, die sowohl mit Sport, als auch mit Mathematik zusammenhängen. Somit sind die Schüler mit in die Verantwortung genommen und konnten ihre eigenen Interessen einbringen. In diese Merkmale fließen auch das soziale und das kooperative Lernen ein, welches durch Partner- oder Kleingruppenarbeit angeregt wurden. Die Planung der projektorientierten Unterrichtseinheit erfolgte zielgerichtet und produktorientiert. Dies wurde mittels Reflexionenphasen in den BSS-Stunden überprüft und anhand von Lernstandserhebungen und Fragebögen ausgewertet. Als letztes Merkmal möchte ich in Anlehnung an Gudjons die Grenzen des Projektunterrichts anführen. Diese werden in der vorliegenden Dokumentation unter Beachtung der Stolpersteine in der Reflexion und dem Fazit erörtert.[3]

2. Theoretische Grundlagen zum „Bewegten Lernen"

2.1 Bezüge zur Lerntheorie

Dem Lehr-Lern-Modell „Handlungsorientierter Unterricht" liegen die Lerntheorien des Kognitivismus und des Konstruktivismus zugrunde.[4] Das „Learning by doing", welches unter anderem auf den Reformpädagogen John Dewey zurückzuführen ist, gründet sich auf die kognitive Lerntheorie, zu deren wichtigsten Vertretern Piaget, Bandura oder Bruner gehören. Diese Theorie sieht Lernen als Verstehensprozess an, welcher auf kognitiver Einsicht und damit verbundener aktiver Informationsverarbeitung oder Umstrukturierung von Informationen beruht.[5] Für die Schulpraxis bedeutet dies die Verankerung des neuen Lernstoffes in bereits vorhandene Kenntnisse. Es fehlen jedoch die Elemente des eigenverantwortlichen oder selbstgesteuerten Lernens. Ausgehend

---

[3] Vgl. Gudjons, Herbert: Handlungsorientiert lehren und lernen: Projektunterricht und Schüleraktivität. 6. Auflage. Klinkhardt Verlag, Bad Heilbrunn 2001. S. 74-83.
[4] Vgl. Staatsinstitut für Schulqualität und Bildungsforschung Bayern (Hrsg.): Theorien des Lernens. Folgerungen für das Lehren. 2007. S. 1ff. http://www.isb.bayern.de/isb/download.aspx?DownloadFileID=19876322d29aebef6319760f357c65e4 (eingesehen 08.01.12)
[5] Vgl. Neuß, Norbert: Im Gebirge der Lerntheorien. In: Aufschnaiter, Cornelia von; u.a: Schüler 2006. Lernen. Wie sich Kinder und Jugendliche Wissen und Fähigkeiten aneignen. Friedrich Verlag, Seelze 2006. S.12f.

von den Erkenntnissen des Kognitivismus sieht auch der Konstruktivismus, zu dessen Vertretern ebenfalls Piaget und Dewey sowie Aebli und Vygotsky gehören, den Erwerb des Wissens als individuellen Prozess an. Der lernende Mensch ist aktiv auf der Suche nach Informationen, welche er mit seinem Vorwissen verknüpft und ein neues Konzept oder eine neue Auffassung der Wirklichkeit für sich ableitet. Der Konstruktivismus hält die Vermittlung von neuem Wissen für unmöglich. Lernen geschieht nicht durch Umwelteinflüsse, sondern durch die Individualität des Lerners, welcher sein Vorwissen konstruiert, umorganisiert und erweitert. Dies bedeutet für die Schulpraxis, dass lernförderliche und motivierende Lernumgebungen geschaffen werden müssen. Zudem gewinnen die Eigenverantwortung und das selbstgesteuerte Lernen an Bedeutung.[6] Handlungsorientiertes Lernen meint auf dieser Basis die eigenverantwortliche und aktive Auseinandersetzung mit einer zielführenden Situation. Damit verbunden ist die Forderung, dass die Lernenden aktiv an der Gestaltung der Lernumgebung und den Aktivitäten zur Zielerreichung beteiligt sind. Hier spielen auch das kooperative und soziale Lernen eine zentrale Rolle.[7] Bewegtes Lernen als Disziplin von „Lernen durch Tun" sollte entsprechend gestaltet werden.

2.2 Das Konzept der „Bewegten Schule"

Es gibt verschiedene Modelle von „Bewegter Schule", u.a. Müller und Klupsch-Sahlmann. Sie alle haben jedoch immer eines gemeinsam: Sie bestehen aus einem „Haus der Bewegten Schule"[8], dass in verschiedene Bereiche und Teilbereiche unterteilt, ein möglichst umfassendes Bewegungsangebot enthält.

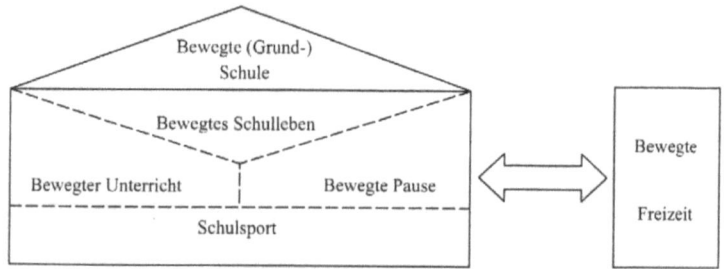

---

[6] Vgl. Staatsinstitut für Schulqualität und Bildungsforschung Bayern (Hrsg.): Theorien des Lernens. S. 5-8.
[7] Vgl. Wöll, Gerhard: Handeln: Lernen durch Erfahrung. Handlungsorientierung und Projektunterricht. 3., überarbeitete Neuauflage. Schneider Verlag, Hohengehren 2011. S. 28-39.
[8] Klupsch-Sahlmann, Rüdiger (Hrsg.): Mehr Bewegung in der Grundschule. Cornelsen Scriptor, Berlin 1999. S. 11.

Die Abbildung[9] von Müller zeigt, dass das Prinzip der Bewegung auf dem Schulsport basiert und in alle Teile des Schullebens integriert werden muss und dass daher alle Bereiche verzahnt werden müssen. Zudem besteht ein Bezug zur Freizeitgestaltung der Schüler.[10]

Im Folgenden möchte ich mich auf den Bereich Bewegter Unterricht bzw. Bewegtes Lernen beschränken, da dieser das Fundament der Unterrichtseinheit ist.

In der Literatur werden zwei bis drei verschiedene Arten des Bewegten Lernens unterschieden.[11] Riegel und Beckmann teilen den Bewegten Unterricht in Lernen mit, durch und in Bewegung auf. Lernen mit Bewegung dient zur Rhythmisierung des Unterrichts in Phasen von Arbeit und Entspannung. Indem Schüler bspw. in der Freiarbeit bewegte Lernwege entwickeln oder sich Material und Arbeitsblätter besorgen entsteht eine Zeit der Entspannung und Bewegung. Hier liegt in der Regel kein fachlicher Gegenstand zugrunde. Die beiden wichtigeren Formen des Bewegten Lernens sind das Lernen in und durch Bewegung. Lernen in Bewegung meint die Verknüpfung von Bewegung und Lernen auf methodischer, aber nicht auf inhaltlicher Ebene. Bewegung wird also lernbegleitend eingesetzt. Lernen durch Bewegung hingegen enthält eine lernerschließende Funktion. Die Bewegung wird genutzt, um die Aneignung von Lerninhalten zu fördern.[12]

2.3 Argumente für das Lernen in und durch Bewegung

2.3.1 Aspekte aus Lernpsychologie und Hirnforschung

Lernpsychologische Forschung bestätigt den besseren Lernerfolg durch Handlungsorientierung. Im Durchschnitt behalten die Lernenden 10% von dem, was sie lesen, 20% von dem, was sie hören, 30% von dem, was sie

---

[9] Müller, Christina: Bewegte Grundschule. Aspekte einer Didaktik der Bewegungserziehung als umfassende Aufgabe der Grundschule. 2.Auflage, Academia Verlag GmbH, Sankt Augustin 2003. S. 48.

[10] Vgl. Müller, Christina: Was bewirkt die bewegte Schule? In: Laging, Ralf: Die Schule kommt in Bewegung. Konzepte, Untersuchungen und praktische Beispiele zur Bewegten Schule. S.194-203. Hier: S. 194.

[11] Vgl. u.a. Thiel, A./Teubert, H./Kleindienst-Cachay, C.: Die „Bewegte Schule" auf dem Weg in die Praxis. Theoretische und empirische Analysen einer pädagogischen Innovation. Schneider Verlag, Hohengehren 2002. S. 47f.

[12] Vgl. Beckmann, Heike/ Riegel, Katrin: Bewegtes Lernen! Mathe, 1.- 4. Klasse. Inhalte in und durch Bewegung nachhaltig verankern. 1. Auflage, Auer Verlag, Donauwörth 2011. S. 5-7.

sehen, 50% von dem, was sie hören und sehen, 70% von dem, was sie selbst sagen oder formulieren können und 90% von dem, was sie selbst tun.[13]

Der Gleichgewichtssinn (vestibuläre Wahrnehmung) und der Bewegungssinn (kinästhetische Wahrnehmung) sind die Grundlage für die Wahrnehmungsentwicklung. Ausgangspunkt für alles Lernen ist ein gutes Wahrnehmungssystem, welches durch Bewegung gefördert und erweitert wird. Durch Bewegung werden die Umwelt und der eigene Körper bewusster wahrgenommen.[14] In der Hirnforschung ist bekannt, dass Lernen umso effektiver ist, je mehr Sinneskanäle genutzt werden und je mehr Eigenaktivität das Kind aufbringt. Die Kanäle, über welche Wissen von den Schülern aufgenommen werden soll, sind oft begrenzt auf Sehen und Hören. Häufig werden die Kanäle auf die 5 Sinne beschränkt. In der Literatur finden sich jedoch Aufgliederungen der Sinne in mehr als die 5 klassischen Sinne, so z.B. auch einen Bewegungssinn, welcher multisensorisches, also mehrkanaliges Lernen, ermöglichen soll.[15] Durch die Bewegung kommt also ein weiterer Aspekt zum Wahrnehmungssystem hinzu und erweitert so die Informationsaufnahmemöglichkeiten der Schüler.[16] Bis zum Ende der Grundschulzeit ist das Lernen über Bewegung für das Entstehen kognitiver Fähigkeiten von großer Bedeutung. In der Hirnforschung ist unlängst der Zusammenhang zwischen Bewegung und Lernen bekannt. Ein Teil unseres Gehirns, das Kleinhirn, welches unsere Bewegungen steuert ist ebenso der Teil, der aktiv an Lernprozessen beteiligt ist, da es kognitive Aufgaben, wie Steuerung des Gedächtnisses, der räumlichen Wahrnehmung oder der Aufmerksamkeit wahrnimmt.[17] Die Erkenntnisse der Hirnforschung besagen des Weiteren, dass sich Bewegung und Sport positiv auf die exekutiven Funktionen wie Problemlösen, Planungsfähigkeit und Steuerung der Emotionen und der Motivation auswirken. Im Gehirn messbaren Folgen von Bewegung sind eine bessere Durchblutung, verbessertes Wachstum und Vernetzung von

---

[13] Vgl. Anrich, Christopher: Bewegte Schule. Bewegtes Lernen. Band 1: Bewegung bringt Leben in die Schule. 1. Auflage, Klett-Verlag, Leipzig 2000. S. 21.

[14] Platz, Franz: Die Bedeutung von Bewegung und Wahrnehmung beim Lernen. Skript zur Veranstaltung Jahrestagung Grundschule 2010. o.S.
http://lehrerfortbildung-bw.de/allgschulen/gs/gs_tage_2010/inhalte/f_4/pdf_onlineversion.pdf (eingesehen am 10.12.11)

[15] Anrich, Christopher (Hrsg.): Bewegte Schule. Bewegtes Lernen. Band 1: Bewegung bringt Leben in die Schule. 1. Auflage, Klett-Verlag, Leipzig 2000. S. 21.

[16] Vgl. Müller, Christina: Bewegte Grundschule. S.18ff.

[17] Vgl. Vopel, Klaus W.: Powerpausen. Leichter lernen durch Bewegung. 1.Auflage, iskopress Verlag, Salzhausen 1999. S. 17f.

5

Nervenzellen und die Ausschüttung der sogenannten Glückshormone Dopamin und Serotonin, welche die Informationsverarbeitung verbessern.[18]

2.3.2 Aspekte der Entwicklungspsychologie

Bewegung spielt für die Entwicklung eine große Rolle und ist in ihrer Bedeutung auch abhängig vom Stellenwert im Leben. So ist für Kinder das Sitzen oft unangenehm, während ältere Menschen es als entspannend empfinden. Die Regensburger Projektgruppe unterscheidet in Anlehnung an Gruppe vier verschiedene Bedeutungsdimensionen von Bewegung: die instrumentelle, die wahrnehmend-entdeckende, die soziale und die personale Bedeutung. Die wahrnehmend-entdeckende Bedeutung meint die Bewegung, die auf Erfahrungsgewinn abzielt, diese spielt gerade bei Lernprozessen eine zentrale Rolle. Zudem trägt Bewegung zur emotionalen Entwicklung bei, durch sie können Gefühle wie Freude, Angst, Kraft, Risiko, Sicherheit oder Erschöpfung ausgelöst werden. Gerade auch im Bereich der motorischen Fähigkeiten ist Bewegung als personeller Entwicklungsfaktor auch mit einem hohen sozialen Wert verbunden.[19]

2.3.3 Veränderte Lebenswelt

Die heutigen Lebensbedingungen der Kinder und Jugendlichen sind geprägt von immer weniger Körper- und Sinneserfahrungen. Viele Kinder wachsen ohne Geschwister auf und in manchen Wohngegenden sind Spielkameraden sehr rar. Anstelle von Eigentätigkeit rückt der passive Konsum der neueren Medien in den Mittelpunkt. Fernseher, Computer, Handy und Spielekonsolen ersetzen das Klettern, Toben und Spielen in der Natur. Des Weiteren sind die Schüler teilweise überbehütet und werden von den Eltern mit dem Auto gefahren, anstatt auf dem Schulweg gemeinsam mit anderen Kindern ihre Umwelt aktiv und selbstständig zu erkunden. Eine Schule, in der dieser Bewegungsmangel durch Stillsitzen weiter eingeschränkt wird, behindert die körperliche und geistige Entwicklung der Kinder und Jugendlichen. Bewegung als Unterrichtsprinzip soll den Schülern die fehlenden Anregungen und Möglichkeiten zurückgeben.[20]

---

[18] Platz, Franz: Die Bedeutung von Bewegung und Wahrnehmung beim Lernen. o.S.

[19] Vgl. Regensburger Projektgruppe: Bewegte Schule - Anspruch und Wirklichkeit. Grundlagen, Untersuchungen, Empfehlungen. Hofmann Verlag, Schorndorf 2001. S. 80-83.

[20] Vgl. Anrich, Christopher (Hrsg.): Bewegte Schule. Bewegtes Lernen. Band 3: Bewegung ein Prinzip lebendigen Fachunterrichts. 1. Auflage, Klett-Verlag, Leipzig 2003. S. 13ff.

2.3.4 Motorische Fähigkeiten

Durch Bewegungsmangel wird die motorische Leistungsfähigkeit allgemein vermindert, was zur Folge haben kann, dass durch mangelnde Ausbildung von Kraft, Ausdauer, Beweglichkeit und Koordination, welches die motorischen Grundeigenschaften sind, die körperliche Gesundheit belastet wird und das Unfallrisiko ansteigt. Die Forderung des Stillsitzens im Unterricht ist oft Grund für unkontrolliert ausgelebten Bewegungsdrang in den Pausen. Die meisten Pausenunfälle ereigneten sich laut Studien aufgrund von mangelndem Gleichgewicht (Stürze), geringe Reaktionsfähigkeit und Unfähigkeit eigene Bewegungen mit denen der Mitschüler zu koordinieren (Zusammenstöße). Die Stürze können dann beispielsweise aufgrund mangelnder Kraft und Reaktionsfähigkeit nicht rechtzeitig abgefangen werden. So entstehen viele Unfälle aufgrund mangelnder Auge-Körper-Koordination. Bewegung hingegen fördert den Aufbau der motorischen Fähigkeiten und Fertigkeiten und unterstützt so die Unfallminimierung.[21]

2.3.5 Physiologisches Argument

Aus physiologischer Sicht ist bewegtes Lernen im Gegensatz zu Lernen im Sitzen für bessere Konzentration und damit mit besseren Denkleistungen verbunden. Dies ist darauf zurückzuführen, dass im Sitzen die Energiebereitstellung nur auf sehr geringem Level vorhanden ist. Die Folge ist schnelle Ermüdung und somit auch Denk- und Konzentrationsprobleme, welche sich durch verlangsamtes Arbeitstempo und das vermehrte Auftreten von Fehlen bemerkbar macht.[22] Zudem kann zu wenig Bewegung bereits im Kindes- und Jugendalter nicht nur zu Haltungsschäden, sondern auch zu Übergewicht und Koordinationsschwächen führen. Leider wird der Bewegungsmangel in den Schulen oft noch gefördert. Im Unterricht wird von den Schülern normalerweise gefordert ruhig und ordentlich zu sitzen, was meist ein gerades Sitzen mit beiden Füßen auf dem Boden meint. Die Forderung für die Schule muss also „aktives oder bewegtes Sitzen"[23] lauten. Hierzu gehört das häufigere Wechseln der Sitzposition oder besser noch die Abwechslung zwischen Sitzen, Stehen und Sich-Bewegen. Somit soll durch einfache Aspekte der Gesundheitserziehung bereits in der Grundschulzeit möglichen Haltungs- oder Rückenbeschwerden effektiv vorgebeugt werden. Anrich fasst dies prägnant zusammen und nennt Bewegungspausen und bewegtes Lernen als Lösungsansatz: „Längeres Stillsitzen schadet dem konzentrierten Lernen, Bewegung im

---

[21] Vgl. ebd. S. 71-80.
[22] Vgl. Anrich, Christopher: Bewegte Schule. Bewegtes Lernen. Band 1. S. 12.
[23] Regensburger Projektgruppe: Bewegte Schule. S. 70.

Unterricht und Bewegungspausen helfen die Lernleistung aufrechtzuerhalten."[24] Bewegung wird hier nicht mit dem Sporttreiben gleichgestellt, es genügen leichte Bewegungen wie beispielsweise der Gang zum Pult und zurück. Denn bereits dieser erhöht die Blutzufuhr im Gehirn und fördert damit die Sauerstoffzufuhr, die für Konzentrations- und Denkprozesse unerlässlich ist.[25]

3. Didaktische Vorüberlegungen zu den BSS-Stunden

3.1 Bildungsplanbezug

In den Leitgedanken zum Kompetenzerwerb werden die zentralen Aufgaben im Fächerverbund Bewegung, Spiel und Sport genannt. Dazu gehört, dass Bewegung den Schülern einen neuen Zugang zu ihrer Umwelt schaffen kann. Zudem gilt Bewegung als elementares Prinzip für das Lernen und Wohlbefinden der Schüler. Kinder sollen in und durch Bewegungen nicht nur im Fach BSS, sondern auch in anderen Fächern oder Fächerverbünden lernen können, um dadurch eine veränderte Weise des Verstehens erwerben zu können. Bewegungen helfen beim Zahlenverständnis, um dort Regelmäßigkeiten und Zusammenhänge zu entdecken. Gerade beim Einmaleins spielt die Entdeckung von Regelmäßigkeiten und Zusammenhänge zwischen verschiedenen Reihen eine wichtige Rolle für das Lernen. Durch dieses handelnde Lernen können Schüler auf eine andere Art und Weise Zugang zu Gesetzmäßigkeiten bekommen, die ihnen vielleicht im normalen Unterricht verborgen geblieben wären. So kann ein rhythmisches Hüpfen und Aufsagen einer Einmaleins-Reihe helfen, sich der Gesetzmäßigkeit des Aufbaus bewusst zu werden.

Bewegungslernen fördert die Wahrnehmung und die koordinativen Fähigkeiten, welche nicht nur für das Lernen benötigt werden. Im Bildungsplan werden diese im Grundschulalter erworbenen Fähigkeiten zudem als grundlegende Erfahrungen für sicheres Bewegen beschrieben. Durch das Kennenlernen und die Erweiterung der Bewegungspotentiale ihres eigenen Körpers werden diese Grundlagen ausgebaut.[26] Ein Konzept zum Mathematiklernen in und durch Bewegung vereint somit verschiedene Aufgaben des Fächerverbundes BSS. Angefangen von der grundsätzlichen Forderung nach Bewegung im Unterricht, über Bewegung als Unterrichtsprinzip, bis hin zur

---

[24] Anrich, Christopher: Bewegte Schule. Bewegtes Lernen. Band 1. S. 12.

[25] Vgl. Müller, Christina: Bewegte Grundschule. S. 21.

[26] Vgl. Ministerium für Kultus, Jugend und Sport Baden-Württemberg: Bildungsplan für die Grundschule. Neckar-Verlag, Stuttgart 2004. S. 112.

Schulung der Bewegungspotentiale der Schüler. Zudem findet sich im Bildungsplan bei den didaktischen Hinweisen und Prinzipien für den Mathematikunterricht die Forderung nach einer Vernetzung der Fächer Mathematik und Sport. „Rhythmen in Bewegung umsetzen, Lernen und Sich-Bewegen, in Bewegung Raum und Ebene erfahren und begreifen"[27], um so die Gesetzmäßigkeiten des Mathematikunterrichts handelnd, durch bewegtes Lernen, zu verstehen.

3.2 Klassensituation

Die Klasse ist mir gut bekannt, ich habe sie bereits im letzten Schuljahr in Mathematik unterrichtet und habe jetzt neben der einen BSS-Stunde noch weitere 7 Stunden in Mathematik und Religion bei ihnen. Die Klasse besteht aus 22 Schülern, 9 Jungen und 13 Mädchen. Das soziale Miteinander in der Klasse ist durchweg positiv. Im Allgemeinen erlebe ich die Klasse als sehr bewegungsfreudig und offen, sodass sie sich auf den projektartigen Charakter der BSS-Stunde gerne eingelassen haben. Zudem ist die Klasse gerne bereit sich kreativ einzubringen.

Die Leistungen in Mathematik gehen sehr stark auseinander. Wenn man die freie Partnerwahl zulässt, bleiben leider meistens die schwächeren Kinder nach der Partnerfindung übrig, da sie von vielen aufgrund ihrer Leistungen nicht ausgewählt werden. Die Fähigkeit, sich auf Aufgaben zu konzentrieren, variiert ebenfalls sehr stark. Es gibt einen etwas kleineren Teil der Schüler, die sehr konzentriert und zügig rechnen und sich ohne Schwierigkeiten über 20 Minuten konzentrieren können. Es gibt aber auch einen etwas größeren Teil der Klasse, welcher sich leicht ablenken lässt und ungefähr 10 bis 15 Minuten am Stück konzentriert arbeiten kann. Vier Schüler haben massivere Konzentrationsprobleme und schweifen bereits nach wenigen Minuten von den Aufgaben ab.

Zu Beginn des Schuljahres führte ich mit den Schülern eine Lernstanderhebung durch, in welcher unter anderem die Einmaleinskenntnisse abgefragt wurden. Hier zeigten sich bei vielen Schülern noch Unsicherheiten. Zudem wurden in der ersten Klassenarbeit Aufgaben des kleinen Einmaleins abgeprüft. Die Ergebnisse dieser Erhebungen möchte ich im Folgenden kurz darlegen.

Drei Mädchen und drei Jungen konnten sowohl bei der Lernstandserhebung, als auch bei der ersten Klassenarbeit die Inhalte zum Einmaleins ohne Schwierigkeiten lösen.

---

[27] Ebd. S. 57.

Diese Schüler gehören zu den Leistungsträgern der Klasse. Vier Kinder haben nur sehr wenige Fehler gemacht. Weitere vier Schüler gehören zum Mittelfeld der Klasse und hatten einige Lücken. Fünf Schüler hatten zu Beginn des Schuljahres noch große Schwierigkeiten beim Lösen der Einmaleins-Aufgaben. Ein Mädchen ist das leistungsschwächste Kind in Mathematik, sie konnte zu Beginn der Klasse 3 nur sehr einfache Einmaleins-Aufgaben lösen und benötigte dafür sehr viel Zeit. Im Allgemeinen fiel auf, dass hauptsächlich die sog. schweren Reihen von 6 bis 9 Schwierigkeiten bereiteten. Bei den schwächeren Schülern war schon zum Ende des 2. Schuljahres und dann wieder nach der Rückgabe der ersten Klassenarbeit eine zunehmende Abneigung gegen das Fach Mathematik manifestierten. Auf Basis dieser Voraussetzungen formulierte ich die folgenden Ziele.

3.3 Ziele der Unterrichtseinheit

Im Folgenden möchte ich stichwortartig meine Ziele für die Unterrichtseinheit mit Bewegung darlegen.

Fachliche Ziele:

- Die SuS üben und festigen das kleine Einmaleins.
- Die SuS können Aufgaben des kleinen Einmaleins in Bewegung umsetzen und nutzen Bewegung zur Aufgabenlösung.
- Die SuS erweitern die Bewegungsmöglichkeiten ihres Körpers unter Einbezug diverser Kleingeräten.

Soziale Ziele:

- Die SuS können Spielregeln akzeptieren, verändern und neu erfinden.
- Die SuS gehen rücksichtsvoll mit ihren Partnern um.
- Die SuS unterstützen und korrigieren sich gegenseitig.

Individuelle Ziele:

- Die SuS erfahren durch die Bewegung eine Verbesserung ihrer Konzentrationsfähigkeit.
- Die SuS erleben durch Bewegungsaufgaben und Mitgestaltungsmöglichkeiten eine Steigerung der Motivation.

4. Praktische Umsetzung der BSS-Stunden

4.1 Vorüberlegungen zur Organisation der Unterrichtseinheit

Aufgrund meiner speziellen gesundheitlichen Situation darf ich keinen regulären Schulsport unterrichten, daher wurde in Absprache mit Seminar und Schule folgende Sonderregelung aufgestellt, um mir die Möglichkeit zu geben, die dokumentierte Unterrichtseinheit im Fächerverbund BSS zu absolvieren. Ich unterrichte die Klasse 3a eine Stunde pro Woche unter dem Aspekt „Bewegtes Lernen im Mathematikunterricht". Diese Stunde geht über die eigentliche Stundentafel der 3. Klassen hinaus und besteht als verbindliche Schulstunde nur für die Dauer der dokumentierten Unterrichtseinheit. Anschließend wird diese Stunde in eine Mathe-Förderstunde umgewandelt, die nicht mehr für alle Schüler verbindlich stattfinden soll. Die Schüler sind sehr offen und begeisterungsfähig, wenn es darum geht, Neues auszuprobieren. So waren sie beispielsweise zum Ende des letzten Schuljahres schon sehr begeistert, als ich ihnen eine weitere Stunde in der Sporthalle versprechen konnte, wenn die Bedingung „es muss etwas mit Mathematik zu tun haben" erfüllt werden kann. Daraufhin sprudelten bei den Schülern schon die Ideen und es kamen einige Vorschläge für mögliche Aufgaben, die ich dann auch in mein Konzept einarbeiten konnte. Die Sporthalle habe ich bewusst als Ort ausgewählt, sodass ausreichend Platz vorhanden war, um verschiedene Stationen anbieten zu können. Durch den vorhandenen Raum konnten dann auch verschiedene Kleingeräte wie Bälle, Springseile, Bänke und die Kletterwand einbezogen werden. Der Aufbau sollte dabei so kurz wie möglich gehalten werden, um keine Zeit zu verschwenden.

Bei der Vorplanung entschied ich mich für eine Stationenarbeit, um möglichst viele verschiedene Bewegungsaufgaben anbieten zu können und um die Stehzeit für die Schüler möglichst gering zu halten. Die Schüler sollten die Stationen in Partnerarbeit oder, falls Schüler krank sind, in Kleingruppen bearbeiten. Die Einteilung der Gruppen sollte zunächst in Eigeninitiative der Schüler geschehen, um die Motivation zu fördern. Zudem wurde den Schülern die Verantwortung für ihr Lernen übertragen, indem sie sich gegenseitig unterstützen und korrigieren sollten. Da die Schüler während der Stationenarbeit in der kompletten Turnhalle verteilt waren, wurden zur besseren Kommunikation zwei Regeln, die mit Hilfe eines Signalschildes visualisiert wurden, eingeführt. Durch einen Pfiff mit der Trillerpfeife erreichte ich alle Schüler und durch das farbige Signalschild bekamen diese eine weitere nonverbale Verhaltensanweisung. Auf der roten Seite des Schildes stand das Wort „Kreis". Die Schüler sollten dann in den Mittelkreis der Turnhalle kommen, sich dort auf den Boden setzen und ruhig werden. Die gelbe Seite zeigte das Wort „Halt" und bedeutete für die Schüler ihre Tätigkeiten zu unterbrechen und alle Geräte festzuhalten, um Anweisungen entgegenzunehmen.

Bei projektartigen Unterrichtseinheiten ist die Mitgestaltungsmöglichkeit für die Schüler essentiell. Es sollen ihre eigenen Ideen und Vorschläge umgesetzt werden, da dies die Lernmotivation fördert. So wurden die Schüler zunächst im Vorfeld und dann auch in den BSS-Stunden eingebunden und durften sich selbst mögliche Aufgaben überlegen, die dann für alle angeboten werden können. Die Umsetzung dieser vorgeschlagenen Stationen sollte so zeitnah wie möglich, also bestenfalls noch in der laufenden Unterrichtsstunde, geschehen.

4.2 Durchführung

Zu Beginn des neuen Schuljahres habe ich Schülern das Ziel der Unterrichtseinheit transparent gemacht und sie ermutigt sich eigene Stationen auszudenken. Prinzipiell waren die BSS-Stunden von der Grundkonzeption immer gleich aufgebaut. Zunächst begann die Stunde mit dem Stationenaufbau und dem Bereitstellen der nötigen Materialien und Geräte. Anschließend gab es einen kurzen Überblick über neue oder ausgetauschte Stationen und die Schüler, welche eine Station eingebracht hatten, erklärten diese. Es folgte ein Erwärmungsspiel, welches meist bereits mit dem eingeteilten Partner durchgeführt wurde. Nun folgte das Üben an den Stationen. Dies wurde nur unterbrochen, wenn allgemeiner Klärungsbedarf bestand, es eine kurze Zwischenreflexion geben sollte oder eine neue Station eingebracht wurde. Den Abschluss bildete eine Reflexionsrunde der Schüler über die Intensität ihres Übens und ein Feedback meinerseits. Die Reflexionsrunde wurde mittels Daumenprobe und gegebenen Fragen durchgeführt.

4.3 Stolpersteine

Zu Beginn durften die Schüler ihre Partner für die Arbeit an den Stationen selbst wählen. Es kam jedoch vor, dass es Streit gab, wer mit wem arbeiten darf bzw. die Jungen die Mädchen von Stationen vertrieben haben. Daher habe ich nach den ersten Stunden begonnen die Schüler in geschlechtergemischte Paare einzuteilen. Dies wurde im Großen und Ganzen so akzeptiert. So war ein konzentrierteres Arbeiten in den folgenden Stunden möglich. Zudem versuchte ich einerseits, was das Leistungsniveau angeht, homogene Paare zu bilden und zum anderen die sehr schwachen Schüler mit etwas stärkeren Schülern gemeinsam üben zu lassen. Die schwachen Schüler wurden sonst bei der Partnerwahl nicht berücksichtigt und ein effektives Lernen mit der notwendigen Korrektur durch den Partner wäre nicht möglich gewesen.

Nach den entsprechenden Beobachtungen, dass viele Schüler die einfachen Reihen zum Üben wählten und einer damit verbundenen kurze Reflexion über den Sinn der BSS-Stunde, entschied ich mich in Abstimmung mit den Schülern dafür, dass nur noch die schwierigeren Reihen von 6 bis 9 geübt werden durften, damit keine Lern- und Übungszeit verschwendet wird. Nach dem Hinweis der stärkeren Schüler versuchte ich zudem eine Differenzierungsmöglichkeit für diese einzubauen. So durften die stärkeren Schüler in Absprache mit mir sich an die großen Reihen heranwagen und wurden dadurch neu gefordert.

Dadurch, dass viele Anregungen für neue Stationen kamen, war es nötig Stationen auszutauschen. Zunächst entschied ich allein, welche Station wegfallen sollte oder wieder aufgenommen werden sollte. Gegen Ende der Unterrichtseinheit bezog ich die Schüler durch eine kurze Umfrage dabei mit ein. Die Schüler sollten sich an den Stationen positionieren, an welchen sie häufig geübt haben. Dabei blieben zwei Stationen übrig, an die sich kein Schüler gestellt hatte, sodass diese ausgetauscht wurden.

5. Auswertung und Reflexion

Die Auswertung zur Überprüfung der formulierten Ziele geschah mittels eines Fragebogens, welchen die Schüler ausfüllen sollten, um den Nutzen der BSS-Stunden zu evaluieren. Die genaue Auswertung des Fragebogens ist im Anhang zu finden. Zunächst möchte ich kurz meine Beobachtungen in den Stunden schildern. Sehr auffallend war die hohe Motivation, mit der die Schüler in dieser Stunde arbeiteten. Sie mussten nur sehr selten ermahnt werden, dass sie die Zeit sinnvoll nutzen sollten. Lernen in Bewegung hat meist eine spielerische Komponente, welche den Schülern Freude bereitet. Die Freude am Lernen steigert wiederum die Motivation und wer motiviert ist, arbeitet oft auch konzentrierter. So sagt bspw. Köckenberger: „Das freudvolle und lustvolle Lernen steht im Mittelpunkt [des Bewegten Lernens]. Spaß ist die beste Motivation."[28] So ist es nicht verwunderlich, dass von vielen Schülern die

---

[28] Köckenberger, Helmut: Bewegtes Lernen. Lesen, schreiben, rechnen lernen mit dem ganzen Körper. „Die Chefstunde". 6. Auflage, borgmann publishing, Dortmund 2005. S. 38.

Frage „Was? Schon wieder aus?" kam, wenn der Abschlusskreis angekündigt wurde. Die erste Frage des Fragebogens zielte in diese Richtung. Hier sollten die Schüler angeben, ob die Freude am Üben in der BSS-Stunde höher war als in einer normalen Mathematikstunde und ihre Antwort begründen. Fast 80 % der Schüler gab an, mehr Freude in den BSS-Stunden gehabt zu haben. Als Hauptgrund gaben 45% die Bewegungsmöglichkeiten an. Hinsichtlich der Konzentration gaben 45% an, sich in BSS besser konzentriert zu haben. Auffallend an diesem Ergebnis ist, dass es zwar eine Minderheit ist, die angibt konzentrierter arbeiten zu können, es sind jedoch einige Schüler darunter, die sonst stark mit Konzentrationsproblemen und Ablenkungen kämpfen. Frage 3 bezog sich auf die Einschätzung zur Verbesserung der Einmaleinskenntnisse. Dies einzuschätzen fiel den Schülern recht schwer. Die Auswertung der Lernstandserhebung, welche die gleichen Aufgaben wie zu Beginn des Schuljahres enthalten hat, zeigt deutlich eine Leistungssteigerung bei den sonst schwächeren Schülern. Die starken Schüler gaben zu Recht an, dass sich ihre Einmaleinskenntnisse nicht verbessert haben, da diese auch zu Beginn des Schuljahres in diesem Maße schon vorhanden waren. Die Frage „Hat dir die Bewegung beim Rechnen geholfen?" beantworteten über 70% mit Ja. Die Begründungen fielen recht unterschiedlich aus. Neue Stationen haben nur 9 Schüler erfunden, diese erfanden aber teilweise mehr als eine Station. So waren es aber hauptsächlich die Mädchen, die sich auf diese Weise einbrachten. Diese Stationen wurden jedoch auch von Mitschülern als besonders gut bewertet und die Erfinder waren stolz auf ihre Mitgestaltungsmöglichkeit. Im Hinblick auf das soziale Lernen konnte ich beobachten, wie die schwächeren Schüler nach und nach integriert wurden und einige Schüler schon vor der Einteilung sagten, dass sie mit dem schwächeren Mädchen arbeiten möchten. Diese gewandelte Haltung hat sich auch in den Übungsphasen im Mathematikunterricht wiederholt. Frage 7 zielte auf die Partnereinteilung ab. Diese wurde gut akzeptiert, aber von den Schülern auch immer wieder kritisch reflektiert. Dies spiegelt sich in den Antworten wieder. Die beiden letzten Fragen dienten der Rückmeldung an mich, was ich bei einer Wiederholung anders machen müsste bzw. allgemeine Anmerkungen zur Unterrichtseinheit.

Die Lernstandserhebung zu Beginn, die Notwendigkeit der Differenzierung für leistungsstärkere Schüler und die Tatsache, dass eben diese angaben, dass ihnen die Bewegung kaum etwas genutzt habe, ist ein deutliches Zeichen dafür, dass ein bewegtes Lernen in diesem Umfang, mit einer kompletten Unterrichtsstunde in der

Turnhalle, nicht notwendig oder förderlich gewesen ist. Meiner Meinung nach ist dieses Ergebnis nicht überraschend, da die leistungsstärkeren Schüler ihre mathematischen Leistungen relativ unabhängig von der Lernumgebung erbringen. Dennoch haben auch sie profitiert, wenn auch nicht auf rein mathematischer Ebene. So waren einige Schüler bereit, den schwächeren zu helfen und ihnen Rechentipps zu geben. Ein Schüler hat motorische Defizite, die sich meinen Beobachtungen nach z.B. beim Klettern an der Sprossenwand weiterentwickelt haben. Er forderte mich sogar auf zuzuschauen, dass er die Sprossenwand jetzt schneller hochklettern kann. Ein Blick auf die leistungsschwächeren Schüler bestätigt, dass die BSS-Stunde ihre Zielsetzung nicht verfehlt hat. Das Einmaleins wurde ausschließlich in der BSS-Stunde und nicht im Mathematikunterricht thematisiert, sodass der Lernerfolg, den die unangekündigte Lernstandserhebung ergeben hat, auf das Bewegte Lernen zurückzuführen ist. Dies deckt sich mit meinen Beobachtungen und den Rückmeldungen diverser Eltern. So war in den BSS-Stunden zu sehen, wie die schwächeren Schüler aufblühten, sie Selbstvertrauen gewonnen haben und beim Rechnen Erfolgserlebnisse hatten. Dies wiederum fördert eine positivere Haltung zum Fach Mathematik. Ein Großteil der schwächeren Schüler gab an, dass sie sich besser konzentrieren konnten. Diese Einschätzung kann ich nur bestätigen, da die Schüler in der Turnhalle relativ problemlos über einen Zeitraum von bis zu 25 Minuten konzentriert arbeiteten. Eine Beobachtung im Hinblick auf das kooperative und das soziale Lernen halte ich für sehr wichtig. Die Schüler haben große Fortschritte gemacht im Hinblick darauf andere Arbeitspartner, die sie nicht zu ihren Freunden zählen, zu akzeptieren. Hierbei entstehen wichtige Schritte für kooperative Lernformen und zur Ausbildung der eigenen Teamfähigkeit.

Mein persönliches Fazit aus der Unterrichtseinheit ist, dass Bewegtes Lernen tatsächlich seine Berechtigung hat und in sinnvoll eingesetztem Rahmen vor allem leistungsschwächeren Schülern eine Möglichkeit bietet sich Wissen auf andere Art und Weise anzueignen. Diese Erkenntnis habe ich Stück für Stück durch die Beobachtungen gewonnen und durch die Fragebögen und Lernstandserhebungen bestätigt bekommen. Demnach möchte ich an dieser Art des Lernens weiterarbeiten, wenn auch nicht mehr als komplette Bewegungsstunde in der Turnhalle, dann doch in der Mathematik-Förderstunde im Klassenzimmer in Form von Bewegungspausen. Eine Bewegungsstunde in der Turnhalle kann dann als besonderes Highlight eingeplant werden.

6. Literaturverzeichnis

Anrich, Christopher (Hrsg.): Bewegte Schule. Bewegtes Lernen. Band 1: Bewegung bringt Leben in die Schule. 1. Auflage, Klett-Verlag, Leipzig 2000.

Anrich, Christopher (Hrsg.): Bewegte Schule. Bewegtes Lernen. Band 3: Bewegung ein Prinzip lebendigen Fachunterrichts. 1. Auflage, Klett-Verlag, Leipzig 2003.

Beckmann, Heike/ Riegel, Katrin: Bewegtes Lernen! Mathe, 1.- 4. Klasse. Inhalte in und durch Bewegung nachhaltig verankern. 1. Auflage, Auer Verlag, Donauwörth 2011.

Gudjons, Herbert: Handlungsorientiert lehren und lernen: Projektunterricht und Schüleraktivität. 6. Auflage. Klinkhardt Verlag, Bad Heilbrunn 2001.

Klupsch-Sahlmann, Rüdiger (Hrsg.): Mehr Bewegung in der Grundschule. Cornelsen Scriptor, Berlin 1999.

Köckenberger, Helmut: Bewegtes Lernen. Lesen, schreiben, rechnen lernen mit dem ganzen Körper. „Die Chefstunde". 6. Auflage, borgmann publishing, Dortmund 2005.

Ministerium für Kultus, Jugend und Sport Baden-Württemberg: Bildungsplan für die Grundschule. Neckar-Verlag, Stuttgart 2004.

Müller, Christina: Bewegte Grundschule. Aspekte einer Didaktik der Bewegungserziehung als umfassende Aufgabe der Grundschule. 2.Auflage, Academia Verlag GmbH, Sankt Augustin 2003.

Müller, Christina: Was bewirkt die bewegte Schule? In: Laging, Ralf (Hrsg.): Die Schule kommt in Bewegung. Konzepte, Untersuchungen und praktische Beispiele zur Bewegten Schule. S.194-203.

Neuß, Norbert: Im Gebirge der Lerntheorien. In: Aufschnaiter, Cornelia von; u.a (Hrsg.): Schüler 2006. Lernen. Wie sich Kinder und Jugendliche Wissen und Fähigkeiten aneignen. Friedrich Verlag, Seelze 2006.

Platz, Franz: Die Bedeutung von Bewegung und Wahrnehmung beim Lernen. Skript zur Veranstaltung Jahrestagung Grundschule 2010.
http://lehrerfortbildung-bw.de/allgschulen/gs/gs_tage_2010/inhalte/f_4/pdf_onlineversion.pdf
(eingesehen am 10.12.11)

Regensburger Projektgruppe: Bewegte Schule - Anspruch und Wirklichkeit. Grundlagen, Untersuchungen, Empfehlungen. Hofmann Verlag, Schorndorf 2001.

Staatsinstitut für Schulqualität und Bildungsforschung Bayern (Hrsg.): Theorien des Lernens. Folgerungen für das Lehren. 2007.
http://www.isb.bayern.de/isb/download.aspx?DownloadFileID=19876322d29aebef6319760f357c65e4 (eingesehen 08.01.12)

Thiel, A./Teubert, H./Kleindienst-Cachay, C.: Die „Bewegte Schule" auf dem Weg in die Praxis. Theoretische und empirische Analysen einer pädagogischen Innovation. Schneider Verlag, Hohengehren 2002.

Vopel, Klaus W.: Powerpausen. Leichter lernen durch Bewegung. 1.Auflage, iskopress Verlag, Salzhausen 1999.

Wöll, Gerhard: Handeln: Lernen durch Erfahrung. Handlungsorientierung und Projektunterricht. 3., überarbeitete Neuauflage. Schneider Verlag, Hohengehren 2011.

7. Anhang

7.1 Stationenbeschreibungen

Hier finden sich alle Beschreibungen der verschiedenen Stationen, welche im Laufe der Unterrichtseinheit eingesetzt wurden, mit Reflexion und in chronologischer Reihenfolge. Diese Beschreibungen hingen auch an der jeweiligen Station.

- Einmaleinsaufgaben hüpfen

  Geht zu zweit zusammen. Ein Kind hüpft eine Malaufgabe: auf dem linken Bein die 1. Zahl und die 2. Zahl auf dem rechten Bein. Das zweite Kind schreibt die Anzahl der Hüpfer mit dem linken und dem rechten Bein in die Tabelle. Dann schreibe die Aufgabe und rechne aus. Nun darf das 2. Kind eine Aufgabe hüpfen. Jeder hüpft 3 Aufgaben.

Linkes Bein	Rechtes Bein	Aufgabe und Lösung

→Station wurde nach 3 Wochen ausgetauscht, da sie die Schüler verleitete sich hinzusetzen und zu schreiben, anstatt sich zu bewegen.

- Einmaleins-Reihe hüpfen (Schüler-Idee)
  Das erste Kind nennt eine Reihe des Einmaleins. Das zweite Kind hüpft vorwärts/ rückwärts und sagt dabei die Ergebnisse der Reihe.
  → Diese Station war von Beginn bis zur letzten Stunde eingesetzt, da sie regelmäßig zum Üben genutzt wurde.

- Rechne schnell
  Das erste Kind stellt eine Einmaleins-Aufgabe und macht dann 10 Kniebeugen. Das zweite Kind muss das Ergebnis an der Wand abklatschen, zuerst die Zehner, dann die Einer. Wer ist schneller?
  →Station wurde nach 3 Wochen ausgetauscht, da sie sich als wenig motivierend herauskristallisierte.

- Finde die Lösung

  Das erste Kind stellt eine Geteilt-Aufgabe und macht dann 10 Kniebeugen. Das zweite Kind muss das Ergebnis an der Wand suchen und es mit der Hand berühren. Wer ist schneller?

  →Station wurde nach 4 Wochen ebenfalls ausgetauscht, da sie kaum angenommen wurde.

- Einmaleinsaufgabe werfen (Schüler-Idee)

  Wirf den Ball gegen die Wand auf die Zahlenkarten. Merke dir die Zahl. Wiederhole das Ganze noch einmal. Rechne dann die Malaufgabe aus beiden Zahlen.

  →Station wurde von zwei Schülern weiterentwickelt bzw. abgeändert in die Station „Wettrechnen".

- Wettrechnen (Schüler-Idee)

  Übe deine ausgewählte Einmaleins-Reihe! Wirf den Ball gegen die Wand und rechne mit ihr die passende Malaufgabe. Wer sagt das Ergebnis schneller, du oder dein Partner?

  →Station wurde von den Schülern sehr gut angenommen. Wurde jedoch aus Platzgründen in der Abschlussstunde gegen das Dreiecksrechnen ausgetauscht.

- Seil springen (Schüler-Idee)

  Das erste Kind springt Seil, das zweite Kind zählt die Sprünge bis das Kind einen Fehler macht. Ist die Zahl der Sprünge teilbar? Durch welche Zahlen?

  →Die Idee stammte von einer Schülerin, die kurzzeitig eine andere Schule besuchte und wurde eingeführt, als sie wieder in die Klasse zurückkam. Diese Station eignete sich auch besonders gut zur Differenzierung, je nachdem, ob man alle Teiler finden wollte oder nicht.

- Wer ist schneller oben? (Schüler-Idee)

  Zwei Kinder stellen abwechselnd eine Aufgabe aus dem Einmaleins. Die anderen zwei rechnen und klettern dann die Sprossenwand hoch und berühren ihren Ball. Wer hat zuerst das Ergebnis und klettert schneller?

→Station wurde von den Schülern sehr gut angenommen und durch den Wettbewerbscharakter wuchsen die Schüler teilweise über sich hinaus.

- Dreiecksrechnen (Schüler-Idee)
Drei Kinder stellen sich im Dreieck auf. Ein Kind hat einen Ball. Das Kind mit Ball stellt eine Malaufgabe. Die zwei anderen rechnen. Wer schneller die Lösung nennt, bekommt den Ball und darf die nächste Aufgabe stellen.
→Station wurde ausgetauscht, als andere Ballstationen (Station Reihenrechnen) dazukamen, da der Platz für 3 Stationen mit Bällen zu viel Raum forderten. Diese Station wurde jedoch sehr vermisst, sodass ich sie für die Abschlussstunde wieder einsetzte.

- Zahlen fühlen
Ein Kind stellt sich hinter das andere Kind und schreibt mit dem Finger eine Zahl von 1-10 auf den Rücken. Das Kind muss die Zahl erraten. Dann wird eine zweite Zahl geschrieben. Rechne die Malaufgabe.
→Station wurde als entspannender Ausgleich zur Kletterstation gerne gewählt und kann problemlos auch im Klassenzimmer eingesetzt werden.

- Richtung angeben
Es wird eine Reihe des Einmaleins gewählt. Das erste Kind gibt die Richtung an (vor oder zurück) und wie viele Schritte gegangen werden sollen. Das zweite Kind geht und sagt die Ergebnisse der vereinbarten Reihe auf. Dann kommt ein zweites Kommando.
→Station wurde gut angenommen, auch wenn sie sehr anspruchsvoll war. Hier konnte ich vor allem die stärkeren Schüler bei intensiver, sehr konzentrierter Arbeit beobachten.

- Reihenrechnen (Schüler-Idee)
Stellt euch zu zweit gegenüber und werft euch den Ball zu, während ihr eure gewählte Reihe übt. Sagt dazu immer Aufgabe und Lösung.
VARIANTE: Den Ball mit dem Fuß zuspielen.
→Wurde sehr gut angenommen, da die Station Dreiecksrechnen hierfür weichen musste. Bälle waren die beliebtesten Kleingeräte.

- **Über die Bank (Schüler-Idee)**

  Ein Kind nennt eine Einmaleins-Reihe. Das 2. Kind macht einen Hocksprung über oder auf die Bank und sagt dabei die Reihe auf.

  VARIANTE: Vermischte Aufgaben statt Reihen.

  →Ein neues Gerät, welches sich ständig im Blickfeld der Schüler befand, wurde gewählt. Diese Station wurde eine Alternative zur Sprossenwand.

7.2 Auswertung der Fragebögen

1) Hast du in der BSS-Stunde mehr Freude an den Mathematikübungen als in einer normalen Mathematikstunde?

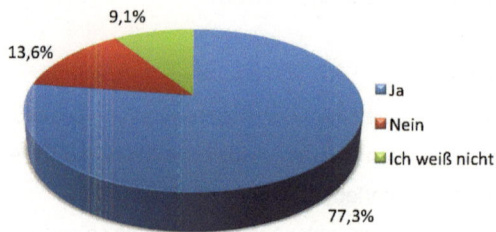

Erkläre bitte, warum das so war:

- Es hat Spaß gemacht/ war witziger. (6)
- Es hatte mit Bewegung zu tun/ wir haben uns bewegt. (6)
- Ich konnte Rätsel lösen, wir haben Spiele gespielt. (4)
- Es gab tolle Stationen/an Stationen gearbeitet. (4)
- Es hatte mit Sport und Mathe zu tun. (3)
- Man musste nicht sitzen und schreiben.
- Ich habe ein Spiel erfunden.
- In Mathe kommt man nicht so oft dran, in BSS konnte man mehr üben.
- Ich habe mit anderen geübt, mit denen ich sonst nichts zu tun habe.
- Ich konnte aussuchen, was ich üben möchte.

- Ich mag andere Themen (z.B. Formen) genauso.
- Weil es so laut ist.
- Weil ich bei Mathematik mehr Freude habe.
- Manche Stationen waren langweilig.

Mehrfachnennungen waren zugelassen und erwünscht.

2) In welcher Stunde konntest du dich besser konzentrieren?

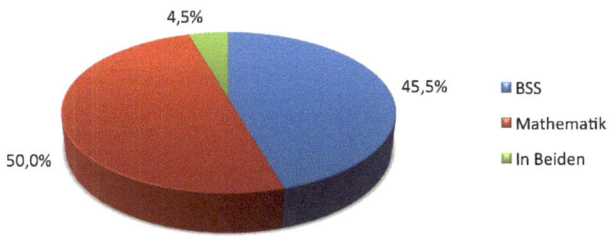

3) Kannst du nach den BSS-Stunden das Einmaleins besser wie zu Beginn des Schuljahres?

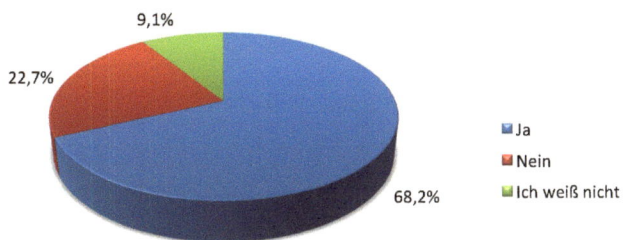

4) Hat dir die Bewegung beim Rechnen geholfen?

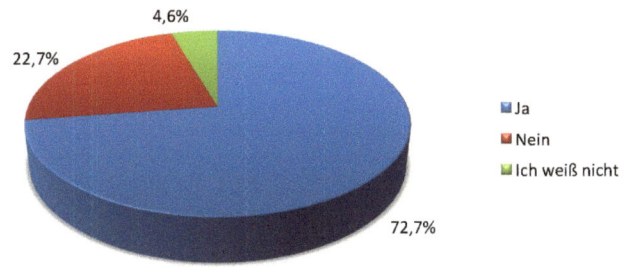

Was denkst du, warum hat dir die Bewegung geholfen? Oder warum hat sie dir nicht geholfen?

+
- Es hat Spaß gemacht und dann lernt man besser. (3)
- Das Rechnen wurde dadurch einfacher/leichter. (2)
- Stationen konnte man wiederholen und nochmal üben.
- Ich bekomme einen klaren Kopf.
- Ich konnte mich besser konzentrieren.
- Ich musste mich mehr konzentrieren.
- Ich musste mich nicht so konzentrieren.
- Ich bewege mich gerne.
- Ich bin beweglicher geworden.
- Die Hände haben mir nicht wehgetan.
- Ich war danach fit.
- Wenn man sich bewegt geht das Gehirn in Schwingung.
- Es hat mir geholfen bei der 6er-Reihe.

-
- Ich konnte mich nicht so gut konzentrieren. (2)
- Bewegung hat abgelenkt.
- Es war genauso einfach.
- Normales Rechnen ist fast einfacher.

5) Hast du eine neue Station erfunden?

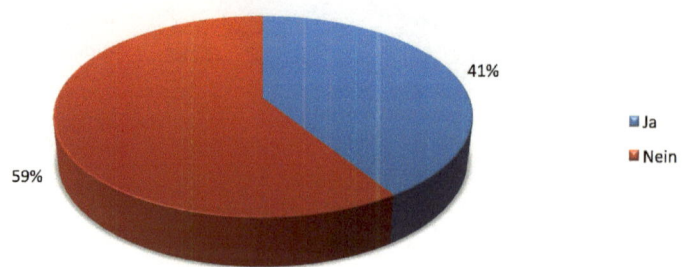

41%

59%

■ Ja
■ Nein

6) Wie war es für dich, wenn deine Station oder Stationen deiner Mitschüler neu dazugekommen sind?

- Es war besser. (3)
- Ich fand es toll (eigene Station). (3)
- Spannend/ Gut (3)
- Am Anfang fand ich sie doof, aber jetzt macht es mir Spaß. (2)
- Ich fand alles tolle Ideen, deshalb hat es mich gefreut, wenn neue Spiele dazugekommen sind. (2)
- Kam auf die Station an. (2)

- Ich war stolz, weil sonst immer die Lehrerin das tut.
- Frau Steiners Stationen waren auch nicht schlecht.
- Alle sind immer zu der neuen Station gerannt.
- Sie waren gleich gut wie vorher.
- Die neuen Stationen waren ein kleines bisschen besser.
- Manche waren doof und haben keinen Spaß gemacht, die anderen waren gut.
- Man konnte dann andere Sachen machen.
- Die Stationen sind nicht so gut wie die von Frau Steiner.
- Ich habe mich für denjenigen gefreut, der das Spiel erfunden hat.

7) Manchmal habe ich euch mit einem festen Partner üben lassen und euch in Paare eingeteilt. Wie war das für dich?

- Nicht so gut/ Blöd (5)
- Ich wollte lieber mit meinen Freunden. (4)
- Für mich war es egal/ in Ordnung/ genauso gut. (3)
- Für mich war es ganz toll. (2)
- Dumm, weil es Mädchen und Junge war.
- Es war sehr schön.
- Witzig und hat Spaß gemacht.
- War okay, weil öfter Junge und Mädchen zusammen waren.
- Die Jungen wollten mir nicht zuhören.
- Der Junge wollte immer alles bestimmen.
- Manchmal doof, manchmal toll.
- Ich fand es gut, weil es sonst immer Streit gibt wenn grad jemand nicht will.
- Toll, weil es dann mehr Spaß gemacht hat.

8) Wenn ich BSS noch einmal mit einer anderen Klasse machen möchte, welche Tipps hast du mir? Was soll ich wieder so machen? Was soll ich lieber anders machen?

- Alles gleich lassen. (6)
- Ich fand alles gut. (6)
- Stationen mehr durchwechseln/ mehr neue Stationen. (4)
- Die eine Station soll wieder zurück (Dreiecksrechnen). (2)
- Wieder die gleichen Stationen machen. (2)
- Wenn wir Musikschule haben kein BSS.
- Nicht immer die gleichen Partner.
- Frau Steiner macht hoffentlich weiter so.
- Im Unterricht mehr Mathespiele machen.
- Alles gut, außer stehen bleiben, wenn du das Schild gehoben hast.
- Die Kletterstation wieder machen.
- Aufgaben über Hundert zulassen.
- Man darf nicht schummeln.

9) Gibt es sonst noch etwas, dass du zu den BSS-Stunden sagen möchtest?

- Es hat mir sehr gefallen/ es war toll. (4)
- Die Station mit Klettern, da wollten die Anderen nicht mehr mitspielen, weil ich so gut war.
- Manchmal gut, manchmal nicht so gut.
- Sie sollten länger sein.
- Ein paar Spiele mehr erfinden, wo man gewinnen oder verlieren kann.
- Mir machte es großen Spaß, mit meinen Mitschülern und Mitschülerinnen, aber vor allem mit Frau Steiner, in BSS zu rechnen und zu turnen.
- Es hat Spaß gemacht, hat mir geholfen und ich kann das Einmaleins jetzt besser als sonst.

7.3 Auswertung der Lernstandserhebungen

In der Klassenarbeit wurden 20 Aufgaben, in der Lernstandserhebung im September und Januar jeweils 36 gemischte Aufgaben. Zeitraum der Unterrichtseinheit: Oktober bis Dezember.

2 Schüler sind nicht berücksichtigt, da sie bei der Lernstandserhebung im Januar krankheitsbedingt nicht anwesend waren. Die Bearbeitungszeit für die Lernstandserhebung im Januar war mit 15 Minuten nur halb so lang wie im September.

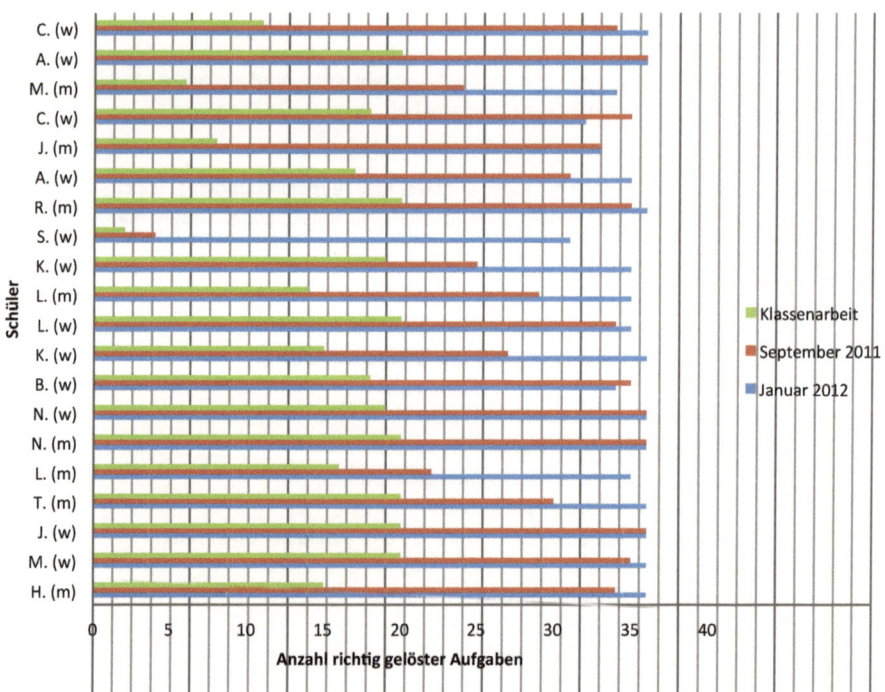